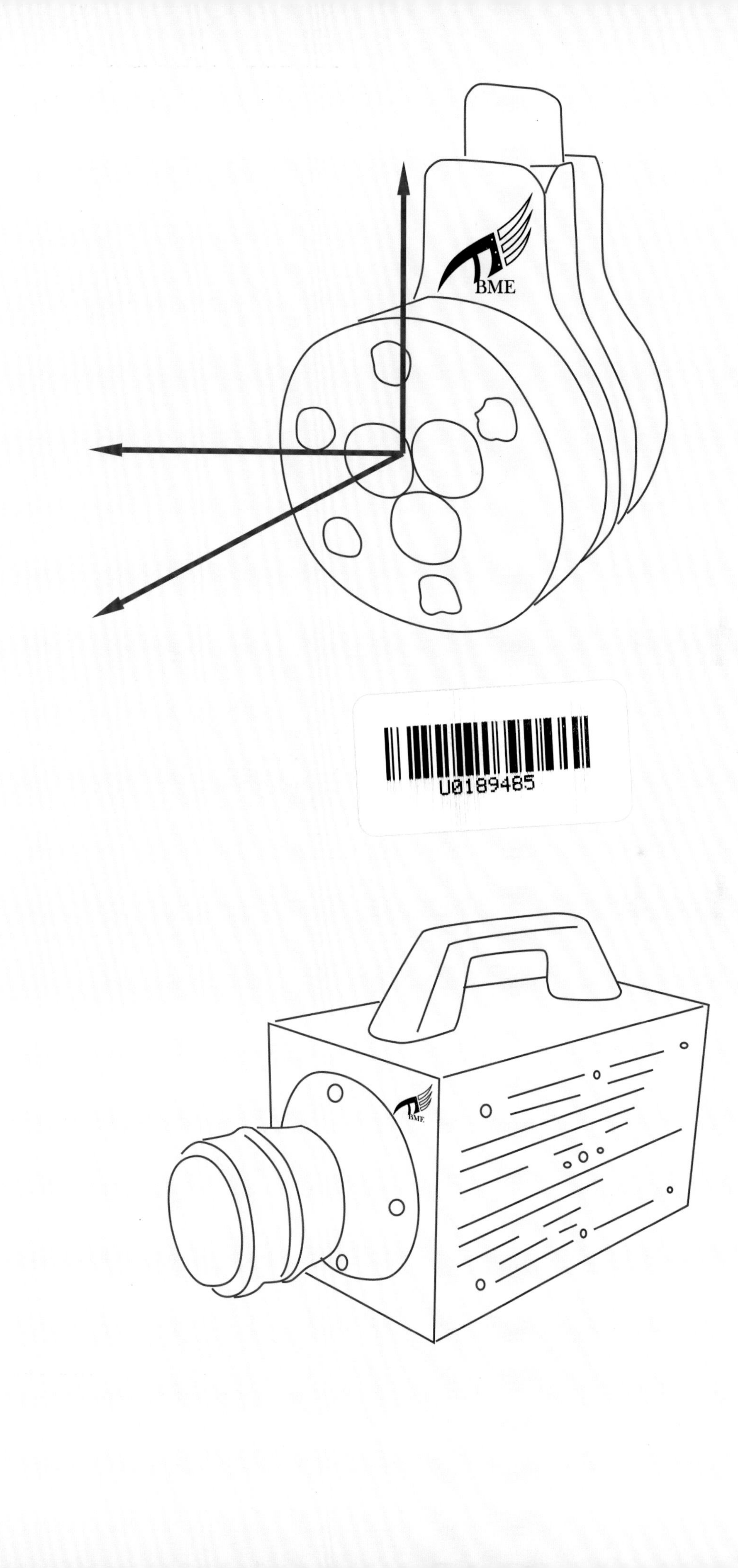
BME
BME

BME

樊瑜波 王丽珍◎著　　一 竹 胡超佚 黄慧雯◎绘

科学普及出版社
·北 京·

树林，在初秋的阳光中醒来。百灵和画眉唱起婉转清脆的二重唱：“唧啾，唧啾，嘟——”一阵微风吹过，杨树也加入了进来：“唰啦啦，唰啦啦，唰啦啦啦啦啦啦……”远处几声柴犬的咏叹，像是对这首晨奏的应和。

当生机勃勃的树林迎来一支更加生机勃勃的科考小分队，树林里就更加热闹了！
科考队
小龙，这根树枝……
我捡的！
高老师的围巾看着好眼熟啊！
考任务书

为什么要选蜘蛛做科考主题？
我更喜欢小雯小组的啄木鸟主题。
能让外卖把午饭送到树林里吗？
整个树林都听得见你们的声——音——

开学季的第一次科考活动，怎能不令人兴奋！更何况，还有大家的老朋友——天之翼科普社团的王教授和她的科普队员加盟，担任科考小分队的科学顾问。
BME
咱们又见面了，非常高兴！你们小组选的课题，正好也是我的研究课题。我根据你们在活动前提出的科考思路，列出了今天的任务单。
我主要是想知道，啄木鸟整天“当当当”地啄树，它怎么就不得脑震荡呢？我上周踢足球时头球冲顶破门，到今天头还晕晕的。
拜托！小天！你那不叫“头球冲顶”，是球碰巧砸你头上弹进了球门。
你们俩能不能认真一点儿？我们要进入科考状态了，现在——出发吧！

科考任务单
研究课题：啄木鸟为什么不得脑震荡
研究前的大胆猜想：
1.啄木鸟的外星装备
2.护体咒语：叨叨 叨叨 叨叨叨
研究过程：
查阅文献、图书、网络……
实地考察 啄木鸟的护身法宝
讨论分享：科普微视频、科学笔记
图文展览……

小天的科考动机虽然招来同伴的讽刺，但却得到王教授的鼓励。王教授说：“人类科技史上很多重大发现、发明，都是被一些很不起眼的来自人类自身的需求引发的，是被一些看似普通甚至有点傻的问题驱动的。”王教授的话一下子激发了小龙的热情，他开始手舞足蹈地描绘自己的远大志向：“我长大要当一名飞行员，蓝天在我脚下，不，太空在我脚下，我和外星人一起编队飞行，简直是太帅了！”
太空在你脚下，那你应该是航天员。
教授，有件事我搞不懂：人们是受到鸟的启发才发明了飞机，那飞机飞行时为什么不像鸟一样扇动翅膀呢？

这个问题提得非常好！大家别以为鸟扇动翅膀飞行是一件简单的事，科学家研究发现，其实鸟的翅膀是在空中画着八字。咱们可以想象一下：让飞机机翼在空中画八字将会有什么后果，不仅看着让人担心，飞机上的乘客也会感觉很颠簸。最关键的是：现在人类所掌握的制造飞机的材料，还无法做到让机翼像鸟的翅膀那样扇动和扭曲。飞机依靠动力系统向前推进，机翼的造型使得它上方空气流动速度比下方快，形成了压力差，这种压力差就为飞机提供了上升的力量。
低压
高压

科考小队的队员正热烈讨论着飞行问题，一只善解人意的画眉像给他们做示范似的，轻盈地从他们头顶飞过，划出一道优美的弧线。
蜘蛛！
蜘……蛛……

特制玻璃
当当
你们注意到刚才那只画眉了吗？它在高速飞行中灵活地躲过了蜘蛛网，这是由于蜘蛛为了防止鸟儿撞破自己辛苦编织的蛛网，吐出的蛛丝能够反射紫外线，让鸟儿很容易发现并避开蛛网。科学家利用这个原理，发明了防鸟撞的特制玻璃。
我知道我知道！这叫鸟的紫外线视觉，我爸爸送给我的一本书里讲过。人类从鸟类身上获得了很多启发，据说，曾有脑洞大开的科学家就试验过用鸽子控制导弹打击敌军，虽然听起来有点不靠谱，但科学家的脑洞还真挺大的！

“当当当”的啄木声越来越清晰了——考察对象就在附近，孩子们既兴奋又紧张，不由得加快了脚步。这时，王教授却慢了下来：“同学们，咱们也做一回脑洞大开的科学家好不好？你们认为，啄木鸟为什么不得脑震荡呢？”
因为它脑袋硬……
你这叫什么脑洞大开呀？
小天说得也有道理呀，没准啄木鸟的脑袋里有什么特殊装置呢！我们为了保护大脑不是也戴头盔吗？

还真被你们猜中了！啄木鸟的头里有一顶神奇的隐形头盔，也就是啄木鸟的头骨。
啄木鸟的头骨可不是一块实心的“砖头”哦！啄木鸟啄木的时候，就好像有人在隔壁用大锤子敲墙壁。它头骨的某些特殊部位富含松质骨，好像隔音棚墙壁上蓬松的海绵，其他部分为双层密质骨，就好像坚固的钢筋混凝土。松质骨和密质骨的巧妙结合，使得啄木鸟的头骨强度在抵抗冲击力和减震性能之间达到了完美的平衡。
1
2
3

自然界中像啄木鸟头骨一

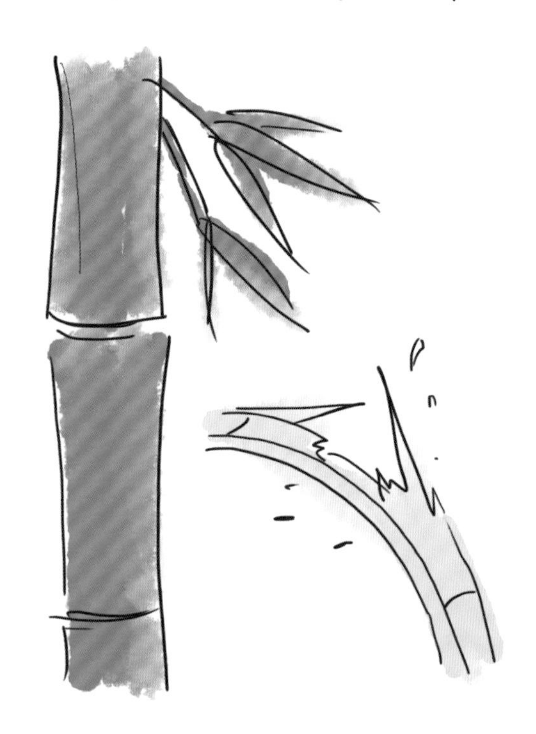

中空外直的竹子，被中国历代文人墨客赋予了美好的寓意，用它比喻“虚心有节”的君子之风。苏东坡的名作《竹》中，有这样的诗句：“宁可食无肉，不可居无竹，无肉令人瘦，无竹令人俗。”

其实，竹子的“空心”也是一种生存智慧。从力学角度来说，竹子最易受到的破坏力是弯折力，而这种力的最大值总是在边缘部位，因此提高边缘强度，便能在保持轻便的同时，高效率地提升抗破坏能力。

这个不起眼的小家伙叫恶魔甲虫，这名字够霸气是不是？它的本事更霸气！柏油路上，一只恶魔甲虫正懒洋洋地晒着太阳，突然，一辆汽车呼啸而来，它却连眼睛都没睁，待汽车从背上疾驰而过，阳光再次洒落在身上，它伸展一下筋骨，继续打起瞌睡。

这小小的甲虫怎么会有如此惊人的抗压能力呢？原来，它背部有着特殊的外骨骼结构——叉指支撑、闭锁支撑和自支撑，这种结构能发挥更强的支撑作用，保护身体安然无恙。

样坚固、轻巧的支撑结构

小鸡破壳而出时，尖尖的小嘴能轻松地啄破蛋壳，但是看似脆弱的蛋壳却能够保护小鸡不受到外力的伤害。想想安全帽的结构，是不是和蛋壳有相似之处呢？当工人的安全帽上方受到物体的撞击，不仅掉落的物体很容易滑落，而且所受的力通过帽子的内衬进行缓冲已经消耗掉一部分，剩余的力又从顶部向四周分散，减小了外力对头部的伤害。

找几个生鸡蛋，利用日常简单的材料和工具，给它们增加些“装备”，试试从同一高度往下抛鸡蛋，哪些装备能使鸡蛋安全着陆。

被科考队队员们惦记了一路的啄木鸟终于现身了！同学们小心翼翼地靠近它，连说话都压低了声音，生怕打乱它急促而韵律感十足的啄木声。“它啄木头的速度也太快了吧！像是在发电报。”小龙的语气里充满了不可思议。
比发电报可快多了，我之前上网查过，它每秒能啄十五六次，啄木时头撞向树的速度比子弹发射速度还快1倍，头部所受冲击力相当于航天员乘火箭起飞时所受压力的250倍。
哇喔！这本事，和外星人有一拼。
你满脑子都是那些不知道在哪里的外星人。

其实在日常生活中，我们经常能感受到力量和速度带给人体的冲击。大家玩儿过跳楼机或过山车吧？坐跳楼机的时候感觉就像是从高楼上掉下来似的。还有人专门研究了狗甩水的加速度，狗每秒甩水4次，比赛车转弯时的加速度还要大。
重力G ↓ 向下
作用力F
F
G
当上升时 加速阶段 F>G
减速阶段 F<G
当下降时 加速阶段 F<G
减速阶段 F>G

“同学们，现在咱们来认真观察啄木鸟的喙，看看它有什么特点。”王教授一边说，一边翻开自己的笔记本。“很尖！” “不一样长，上长下短。” “很硬的样子……”各种观察结果纷至沓来。王教授含笑不语，“刷刷刷”地在笔记本上画了起来。

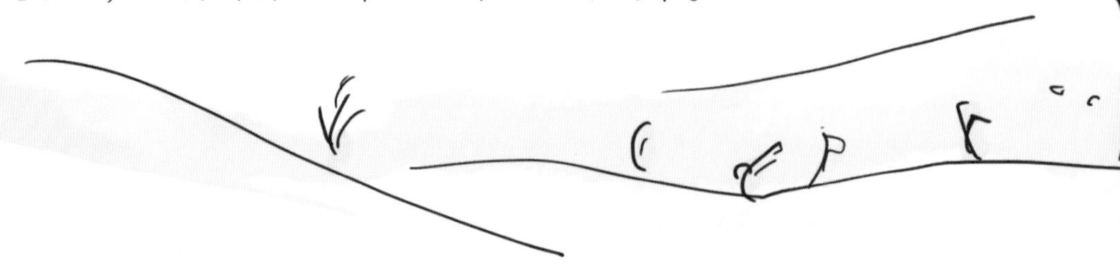

鸟类的嘴，称为喙（huì）。鸟的喙用处可多了，除了捕食，鸟还用喙攀登、修饰、争斗和筑巢，每种鸟的习性都与它的喙的形状和大小有着直接的关系。

啄木鸟的喙具有特殊的结构，能够保护它的头部不受伤。

表面上看起来，啄木鸟的上喙更长，但其实是由于上喙有一层保护套，使它显得长，如果除去这层保护套，我们就能很清晰地看到：啄木鸟的下喙比上喙长。

下喙长有什么独特优势吗？没错！当鸟的头部撞向树干，较长的下喙将承受冲击力，并将力传递到颈部，颈部强壮的肌肉可以吸收部分冲击力，减少对脑部的冲击。上喙、下喙一样长或上喙长的鸟，就没有这种优势，一旦遭受冲击，力会沿着上喙向脆弱的眼睛和头部传递，非常危险。

对啄木鸟撞击树木的过程进行力学模拟，图中红色所示的区域受破坏的风险最高，蓝色所示的区域则较为安全。

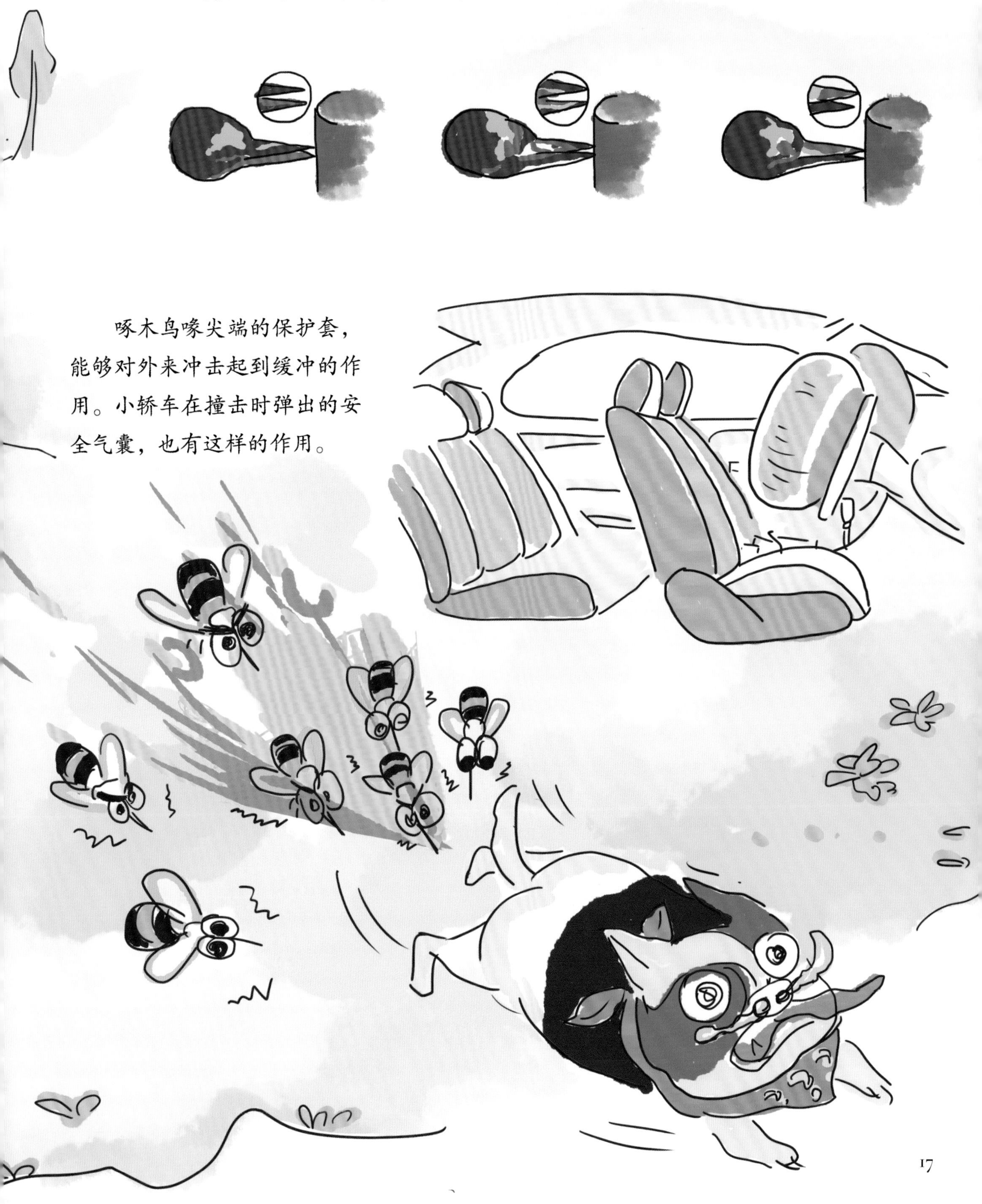

啄木鸟喙尖端的保护套，能够对外来冲击起到缓冲的作用。小轿车在撞击时弹出的安全气囊，也有这样的作用。

“打嘴仗”，谁会赢？

老鹰的喙像个钩子，这使得它能够轻而易举地刺杀并钩住猎物，并将猎物叼起来吃掉。不过老鹰的上喙比下喙长，如果老鹰也像啄木鸟一样啄木的话，“哐当”一声，老鹰坚硬的嘴完好无损，但是它的头可能已经晕得找不到北了。

我们常常可以在草地上看到戴胜的身影，它的喙又长又尖，在松软的草地上捕食蚯蚓、虫子等，一副得心应手的样子。但如果把草地换成硬邦邦的树干，没啄几下，戴胜细长而弯曲的喙就会折断了。

巨嘴鸟，名不虚传，它的嘴占身体长度的三分之一。它主要吃果实和种子，巨大的嘴能轻而易举地咬碎食物。这么大的嘴，一定很重吧？实际上，这张大嘴很轻，是由中空结构组成的。中空结构能够极大地减轻喙的重量，也能抵抗一部分冲击，但如果像啄木鸟那样啄木的话，中空的喙就会像塑料泡沫一样被压碎。
不服输就比比看，看你们谁还嘴硬！
啄木鸟的喙笔直而且坚硬，直直的喙在啄木的时候很容易把树木啄开，可以反复地啄木。

先是大胆猜中啄木鸟的“头盔”，接着又在王教授的启发下认识了啄木鸟喙的妙用，科考队队员感到收获满满。不过，最爱刨根问底的小雯似乎还有一肚子问题，追着王教授不停地问。
教授，您说过咱们这个科考项目也是您的科研课题，您的研究肯定比我们的科考更深入，能讲讲您的研究成果吗？
真高兴你们能对我们的科研感兴趣，欢迎来我们实验室参观！我们在研究中还发现了啄木鸟拥有的第三件法宝，那就是它的舌骨。
宝
啄木鸟的舌头后面连着一条又长又弯的舌骨，舌骨的分支几乎达到上喙的前端，差不多把整个脑袋都包裹了起来。

啄木鸟的舌骨就像安全带一样，在啄木完成后的回弹过程中起到缓冲作用，可以防止头颈部受伤。那些舌骨分支较短的鸟，比如戴胜和百灵，就没有这个优势了。

啄木鸟的舌骨

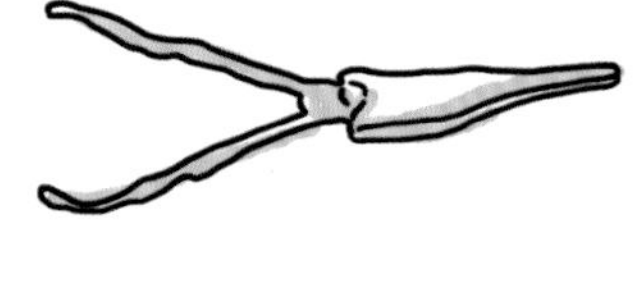

戴胜的舌骨

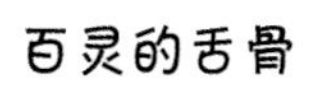

百灵的舌骨

啄木鸟的舌骨分段，段之间有关节，能发生比较大的位移，拉长冲击时间，避免被直着冲进来的力瞬间折断。就像太极大师与人搏击时不是直接对抗，而是先收回手臂使得对手的攻击落空，从而避免受伤一样。人们受到启发设计了一些巧妙的折纸结构，它们在受到冲击时能够改变自身的形状，从而很好地吸收能量，起到防护作用。

利用这种“以柔克刚”“四两拨千斤”的智慧，人们设计出由多边形组成的折纸盾牌。在受到冲击时，垂直于盾牌的冲击力联动邻近的多边形，使整体发生形变，局部的冲击能量被迅速分散，从而避免局部的损坏，起到防冲击的效果。

我如果有啄木鸟这样的装备该多好！那我就再也不怕头球冲顶了。
装备可不能解决全部问题哦，保持正确的姿势也是非常重要的！
姿势
做操或跳跃时，如果落地姿势不正确，会伤到膝盖和脚腕。半蹲式落地，身体就好像弹簧一样，屈膝能够让我们的身体“以柔克刚”。
跳水时如果姿势不正确，脊椎、头颈、内耳和眼睛都容易遭受损伤，特别是入水瞬间受到的冲击力，对眼睛是最致命的伤害。啄木鸟啄树的姿势要领和正确的跳水姿势要领很像呢！收紧肌肉，避免造成颈椎损伤；在入水/啄木的瞬间紧闭眼睛。看来，啄木鸟是天生的跳水运动员啊！

飞行员在危险情况下通过弹射离开飞机的时候，也要保证采用正确的姿势，来降低损伤风险。
我突然有了一个比鸽子制导导弹更脑洞大开的想法：科学家关于啄木鸟的研究会不会都是错的呢？啄木鸟不得脑震荡，其实是因为——它们是外星生物，根本就没有大脑！哈哈哈……
你脑袋里确实有洞！啄木鸟如果听得懂你的话，没准会被你气晕过去。

ICU

一上午的时光转瞬即逝，当科考小分队再次集结，队员们的兴奋比早晨初进树林时更涨了几分。他们已经等不及回到学校了，就在树林里开始热烈地讨论起科考成果来。
真没想到，人们受到蜘蛛丝的启发，竟然造出这么坚韧的材料！
蜂巢的六边形结构，既坚固又节省空间，人类在太空建设的空间站，就是仿照这种结构建成的。
开动你们的小脑筋……

所以，小龙得出的科考结论是：啄木鸟是外星生物。
教授，有没有能翻译动物语言的机器呢？我真想知道，我们在动物的眼里是什么样的。
这个……可能……有吧……

今天的讲座主讲人三思教授，
已经是我们的老朋友了。
欢迎三思教授！

头还晕吗？
轻微脑震荡，还好，还好！

开学季的第一次科考活动，就这样圆满地结束了。书里的故事虽已结束，但书外的探索仍将继续。亲爱的小读者，快来和本书作者一起，开启奇妙的探索之旅吧！

和“天之翼”一起去探索

各位探险队的小队员：

你们好！

我们是中国科协生物力学科学传播专家团队的“天之翼”科普社团，来自北京航空航天大学生物与医学工程学院生物力学与力生物学教育部重点实验室。在科研之余我们通过制作各类高质量的科普作品，致力于向大家普及团队在生物力学领域取得的前沿研究成果，并已经成功申报成立北京市生物医学工程高精尖创新中心科普教育基地。

我们积极创作和发布各类科普教育作品。我们在微信公众平台和优酷视频上同步发布的《康复辅具科普》系列动画短片中的《康复辅具之出行篇》入选科技部“2018年全国优秀科普微视频作品”。在北京市科协主办的“和院士一起做科普：2019科普创客大赛”中，我们围绕比赛主题“科学·见证”设计的《见证·中国生物力学学科的发展》科普海报获得“年度50强科普创客”荣誉称号。除此之外，我们还出版了《脊柱的烦恼》绘本与配套动画视频，并创作了《小零件，大智慧：植入人体的3D打印可降解小医生》系列漫画等科普作品。

差点忘了，我们还举办过科普展览呢！在“智辅具，惠生活”科普展示中，我们以虚拟现实技术为手段，将影像、文本、声音等多种素材相结合，以假肢矫形器、移动辅具、智能康复辅具、生活辅具、信息交流辅具五类与日常生活最相关的康复辅具为切入点，以沉浸式展馆参观及交互的模式直观展示康复辅具，给参与者提供身临其境的使用体验。

如果你们对生物力学建模与仿生研究、运动健康与康复工程、辅助医疗器械设计、航空航天防护装备等内容感兴趣，欢迎参加我们的科普活动，和我们一起去探索！

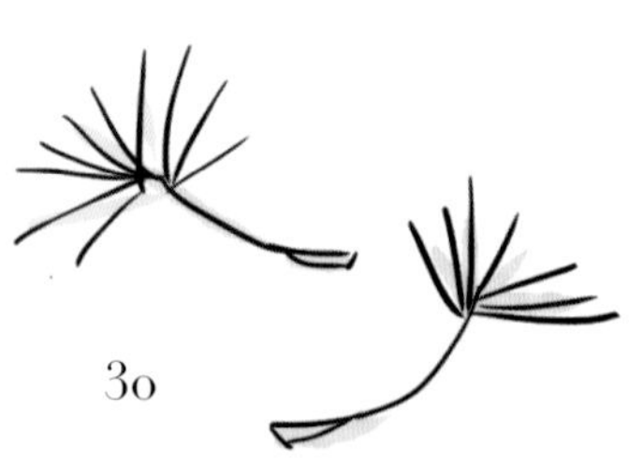

图书在版编目(CIP)数据

啄木鸟为什么不得脑震荡 / 樊瑜波，王丽珍著 ；
一竹，胡超佚，黄慧雯绘. — 北京 ： 科学普及出版社，
2021.7
ISBN 978-7-110-10259-6

Ⅰ. ①啄… Ⅱ. ①樊… ②王… ③一… ④胡…
⑤黄… Ⅲ. ①䴕形目－儿童读物 Ⅳ. ①Q959.7-49

中国版本图书馆CIP数据核字(2021)第110467号

策划编辑	郑洪炜　牛　奕
责任编辑	郑洪炜
封面设计	一　竹
正文设计	一　竹
排版制作	金彩恒通
责任校对	邓雪梅
责任印制	马宇晨

出　　版	科学普及出版社
发　　行	中国科学技术出版社有限公司发行部
地　　址	北京市海淀区中关村南大街 16 号
邮　　编	100081
发行电话	010-62173865
传　　真	010-62173081
网　　址	http://www.cspbooks.com.cn

开　　本	889mm×1194mm　1/16
字　　数	39 千字
印　　张	2.5
印　　数	1—5000 册
版　　次	2021 年 7 月第 1 版
印　　次	2021 年 7 月第 1 次印刷
印　　刷	北京博海升彩色印刷有限公司
书　　号	ISBN 978-7-110-10259-6/Q・262
定　　价	49.80 元

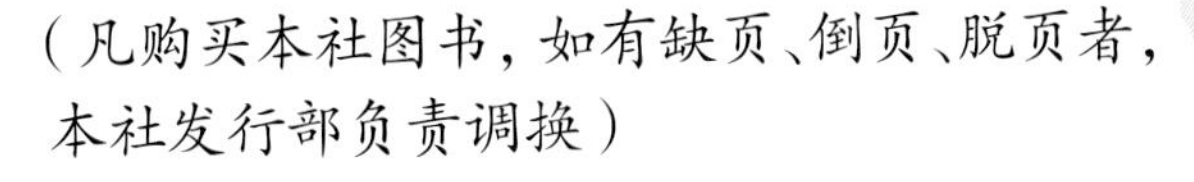

BME